神奇的新能源

生物质能

郑永春　主编

中国科学院广州能源研究所　徐莹　审定

南宁市金号角文化传播有限责任公司　绘

GEP 广西教育出版社

南宁

新能源，新希望

——写给孩子们的新能源科普绘本

20世纪六七十年代，“人类终将面临能源危机”的论调十分流行。那时，作为“工业血液”的石油，是人类最主要的能源之一。而石油的形成至少需要两百万年的时间。有科学家预测，在不久的将来，石油会消耗殆尽。然而，半个世纪过去了，当时预测的能源危机并没有到来，这其中，科技进步带来的新能源及传统能源的新发现起到了不可估量的作用。

一、传统能源的新发现。传统能源包括煤、石油和天然气等。随着科技的发展，人们发现，除曾被世界公认为石油产量最高的中东地区外，在南美洲、北极和许多海域的海底均发现了新的大油田。而且，除了油田，有些岩石里面也藏着石油(页岩油)。美国因为页岩油的发现，从石油进口国变成了出口国。与此同时，俄罗斯、中国等国也发现了千亿立方米级的天然气田，天然气已然成为重要的能源之一。

二、新能源的开发。随着科技的发展，人们发现了一些不同于传统能源的新能源。科学家在海底发现了一种可以燃烧的“冰”(天然气水合物)，这种保存在深海低温环境下的天然气水合物一旦开采成功，可为人类提供大量的能源。氢是自然界最丰富的元素之一，氢能作为一种清洁能源，有望消除矿物经济所造成的弊端，进而发展一种新的经济体系。核电站利用原子核裂变释放的能量进行发电，清洁高效，可以大大降低碳排放量；但核电站也面临铀矿资源枯竭和核燃料废弃物处理及辐射防护等问题，给社会长远发展带来一定的风险。除已成熟的核裂变发电技术外，人类还在积极开发像太阳那样的核聚变反应技术，绿色无污染的可控核聚变能将为解决人类能源危机提供终极方案。

三、可再生能源的利用。可再生能源包括我们熟悉的太阳能、风能、水能、生物质能、地热能等。一些自然条件比较恶劣的地区，如中国西北的戈壁荒漠地区，往往是风能和太阳能资源丰富的地方，在这些地区进行风力和太阳能发电，有助于发展当地经济、提高人们生活水平。在房子的阳台和屋顶，可以安装太阳能发电装置和太阳能热水器，供家庭使用。大海不仅为人类提供优质的海产品，还蕴藏着丰富的能源：海上的风、海面的波浪、海边的潮汐都可以用来发电。地球上的植物利用太阳光进行光合作用，茁壮生长。每到秋天，森林里会有大量的枯枝落叶，田间地头堆积着大量的秸秆、玉米芯、稻壳等农林废弃物，这些被称为生物质的东西通常会被烧掉，不仅污染空气，还会造成资源的浪费。现在，科学家正在将这些生物质变废为宝，生产酒精、柴油、航空燃油以及诸多化学品等。

四、储能技术与节能减排。除开发新能源和新技术外，能源的高效储存、节能减排和能源的综合利用也一样重要。在现代生活中，计算机等行业已经成为耗能大户。然而，计算机在运行时，大量的能源消耗并没有用于计算，而是变成了热量；与此同时，需要耗电为计算机降温。科学家正在研发新的计算技术，让计算机产生的热量大大减少。我们可以提升房屋的保温性能，以减少采暖和空调用电；可以将白炽灯换为节能灯；也可以将垃圾分类进行回收利用，践行绿色低碳的生活方式。

总之，对于未来能源，我们持乐观态度。这套新能源主题的科普彩绘图书，就是专门写给孩子们的，内容包括太阳能、风能、水能、核能、地热能、可燃冰、生物质能、氢能等。我们希望通过这套图书，告诉孩子们为什么要发展新能源，新能源的开发和利用的现状如何，未来还面临着哪些问题。

希望孩子们学习新能源的科学知识，从小养成节约能源的习惯，为保护地球做出贡献。因为，我们只有一个地球。

郑永春　徐莹

2020 年 10 月

目 录

什么是生物质能

提到新能源和可再生能源你会想到什么？是取之不尽用之不竭的太阳能，清洁环保的风能，气势磅礴的水能，还是充满科技感的核能？其实，生物质能这种古老的可再生能源已经在科学技术的帮助下焕发新的活力，并悄然来到我们身边。

别看山上的大风车慢悠悠地转着，它们转一圈能产生好几千瓦时的电呢。

“飞流直下三千尺，疑似银河落九天。”水轮机旋转发电之余还不忘豪放一把。

太阳能电池板注视着太阳，心想着：“大晴天！真好！”

“其实我也没那么神秘。”核电站看着身上贴着的那些警示标识，挑了挑眉。

生物质和生物质能

生物质是指一切直接或间接利用光合作用形成的有机物质，包括所有的动物、植物、微生物以及这些生命体产生的废弃物。而生物质能就是蕴含在生物质中的能量。

植物

植物利用光合作用将太阳能转化为生物质能，这是地球上所有生物质能的源头。植物对太阳能的转化效率比太阳能电池板高多了！

动物通过取食植物，把植物中的生物质能浓缩，每一个动物都是一个小小的生物质能库。

你知道吗

● 我们常见的木材、树叶、秸秆、玉米芯、干牛粪等均是可以为我们提供能量的生物质。而煤炭则是千百万年来植物的枝叶和根茎经过一系列复杂的物理化学变化形成的黑色可燃沉积岩，算是生物质的一种变体。

动植物产生的废弃物

动物的粪便、植物的枯枝落叶本身就是生物质的一种，是可直接或者间接利用的生物质能。这类生物质能的利用不会对动植物产生伤害。

微生物是生物质能利用的“种子选手”，接下来它还要多次出场帮助我们解决各种问题。

生物质能的主要来源——光合作用

光合作用是一种重要的生化反应。光合作用是陆生植物、藻类和某些光合细菌通过光合色素，利用光能，将二氧化碳和水转化为储存能量的有机物，并释放出氧气的过程。生物质中的所有能量都来自太阳。

你知道吗

- 生物质能来自太阳，其实，地球上大多数的能源都来自太阳。
- 海洋是最大的光合作用场所。
- 藻类进行光合作用合成的有机物比陆地上所有植物合成的有机物还要多。

燃烧生物质可以为人们提供光和热。
CO_2
生物质能发电可以将生物质能转化为电能。
生物质能在转化为其他能量时会放出二氧化碳（CO_2），这些二氧化碳又会被光合作用利用。

各个时期对生物质能的利用

人类对生物质能的利用以“烧火”为主。在历史的长河中，我们玩出了多少种烧火的花样？

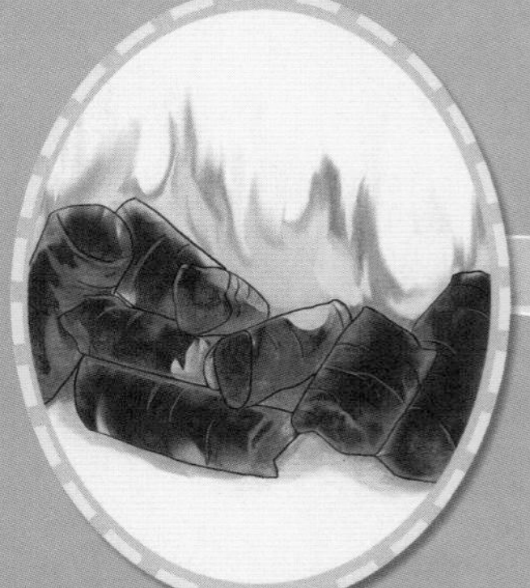

最早，生物质能以篝火的方式被人类利用。但是，这种方式能量利用率较低，大部分的能量以光和热的形式浪费掉了，而且也极不安全。

随后，人类建造了火塘，将篝火移入洞穴或室内。火塘的出现提高了生物质能的利用率，安全性得到了保证，火种也更容易保存。

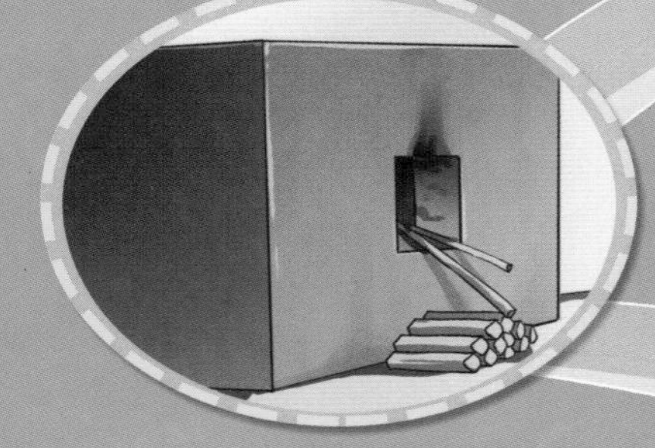

传统灶台的出现将生物质能的利用率又提升了一个档次，封闭式的传统灶台能够锁住更多的热量。

老虎灶应该是生物质能多重利用的代表。一个灶门烧火可以同时在不同的灶口烧水、烧饭、炒菜等。

家庭沼气系统则是生物质能多级利用的代表。将家庭产生的粪便、生物垃圾进行沼气发酵，得到清洁环保的燃料沼气和可用作肥料的沼液、沼渣。

需改进的生物质能利用方式

长期以来绝大部分的生物质能被用作农村生活能源，以直接燃烧为主。近年来才开始采用新技术对生物质能进行综合利用，但规模较小，普及程度较低，在农村的能源结构中只占极小的比例。

秸秆等农林废弃物在田间地头被直接焚烧是导致北方冬季雾霾的罪魁祸首之一。

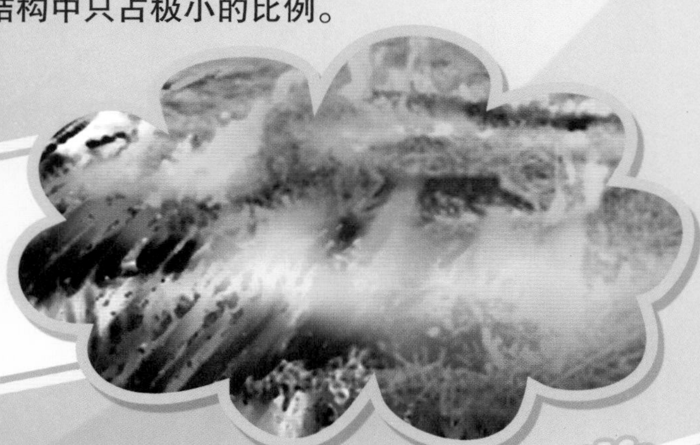

直接燃烧这种利用方式不仅热效率低下，而且会排放大量的烟尘和余灰，不仅严重损害人体健康，还对生态、社会和经济造成极其不利的影响。

不充分利用禽畜粪便及部分农林废弃物等资源，等于浪费资源，不仅会污染大气和水，还会加剧全球温室效应。

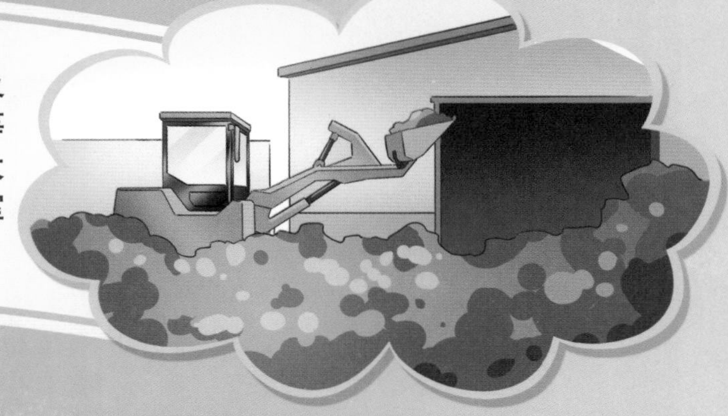

在环境问题日益严重的今天，如何更好地利用生物质能是缓解环境问题的重要方向。接下来，我们就一起探索吧！

来挑战吧

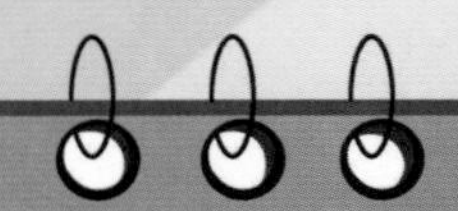

鱼缸中的金鱼藻在阳光的照射下会放出气泡，这些气泡其实就是金鱼藻在进行光合作用时放出的氧气。光合作用强度大，气泡产生的速度快；光合作用强度小，气泡产生的速度慢。那么这些气泡产生的快慢跟光照强弱有关吗？

1. 将金鱼藻放在烧杯中，静置一段时间后金鱼藻正常产生气泡。

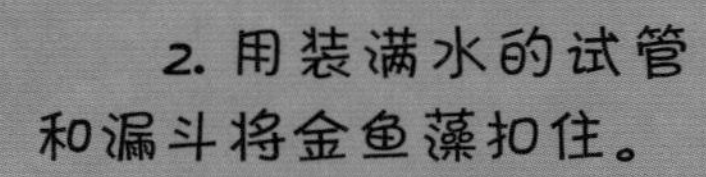

2. 用装满水的试管和漏斗将金鱼藻扣住。

3. 将整个装置放在黑暗的房间中，用小台灯模拟阳光在不同距离照射金鱼藻，观察小气泡产生速度的快慢。

小台灯离得远，气泡产生的速度就慢；小台灯离得近，气泡产生的速度就快。

固体生物质能源

整根的木材可以当作燃料直接烧掉，但是这样将木材直接烧掉就太浪费了！还是先用来造桌、椅等家具，剩下的这些锯末、刨花再拿来作燃料吧！但是这些锯末、刨花要怎么烧呢？

木材

桌、椅等家具

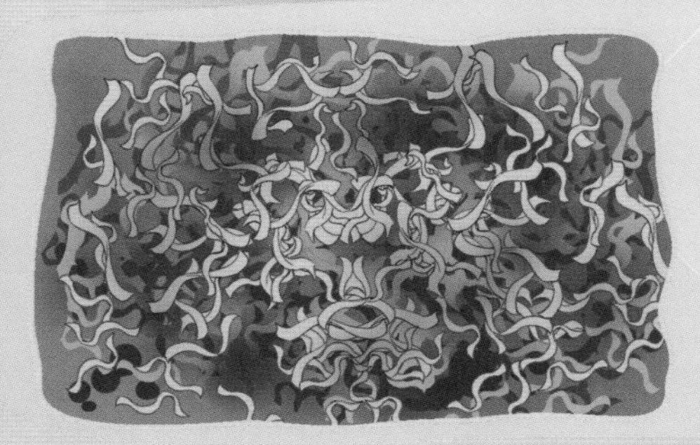
锯末、刨花

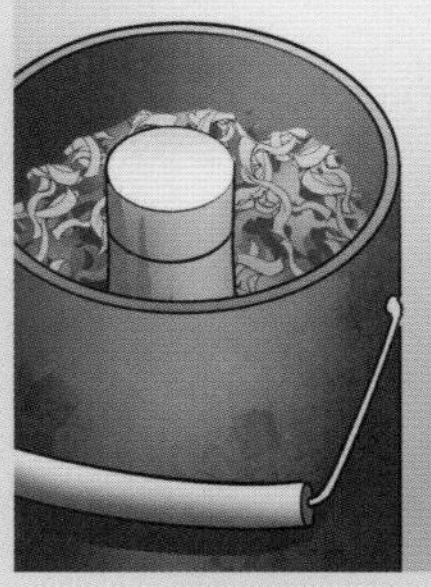
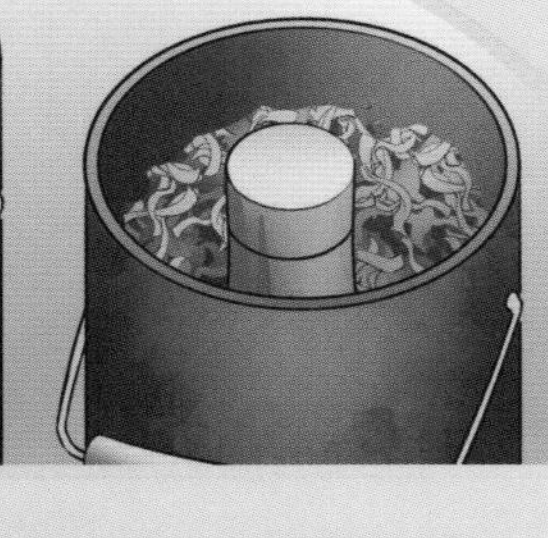

锯末、刨花等废弃物体积小，燃烧速度快，要保持火力就要将其不断地往灶台里加，但是又不能一下子加得太多，否则火焰就会熄灭并产生大量呛人的浓烟。

这种锯末炉子应该是生物质固体燃料成型技术的早期版本了。

在炉子中心立一根木棍，然后向炉子里放入锯末并一层层地压实、压紧，拔出棍子后从炉子口掏一个小洞和中心的洞连通。从炉子下的小洞放入点燃的小木条就可以把这样一个锯末炉子生起来了。这种锯末炉子不需要不断地投料，而且随着中心的洞口越烧越大，火力也会越来越猛。

生物质固体燃料成型技术

生物质固体燃料成型技术可以将没有一定形状的生物质压制成具有一定形状的、密度较大的成型燃料。经过压制后的燃料烧起来更稳定，燃烧时间更长。

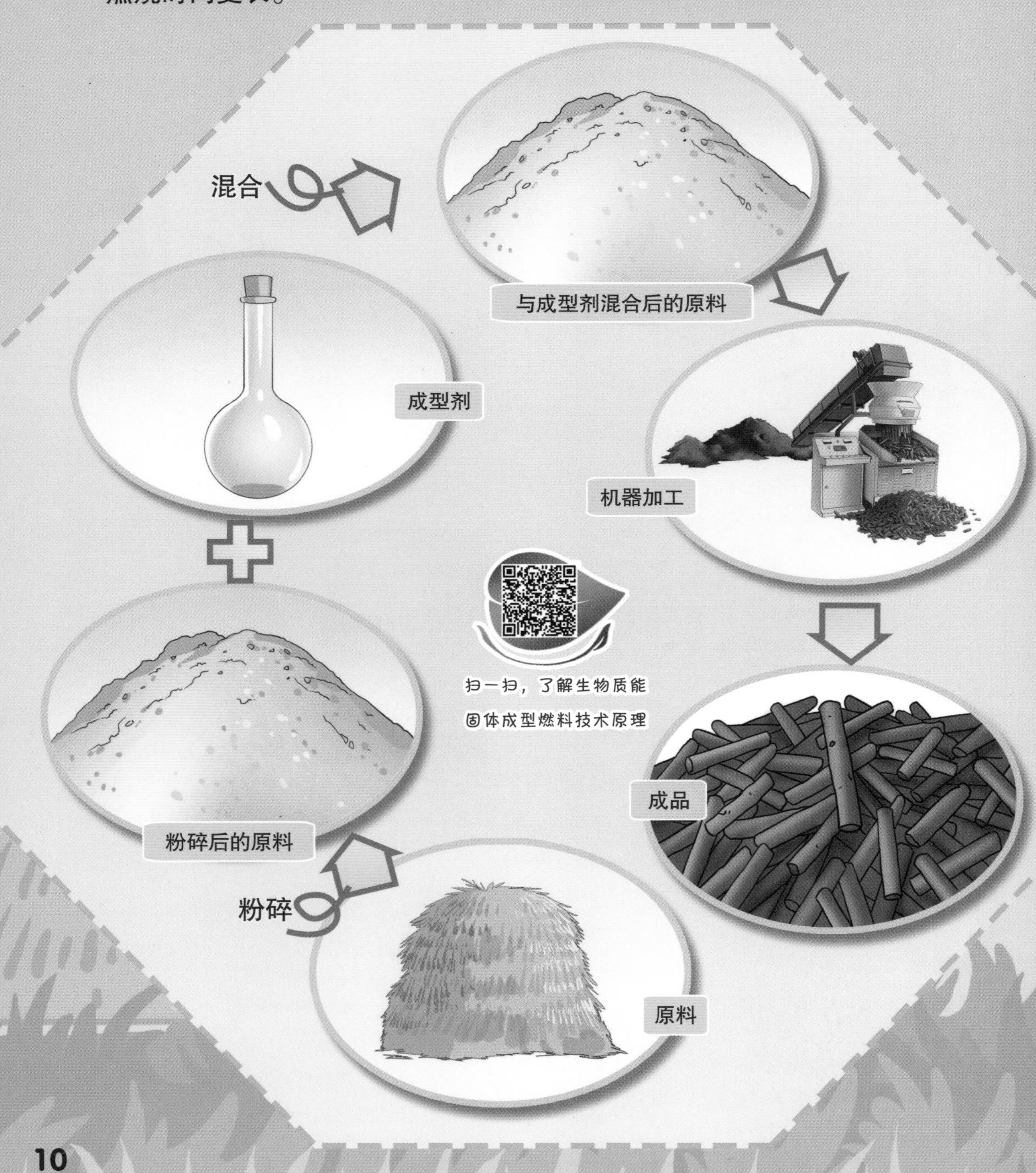

传统农业中产生的农作物秸秆等废弃物，由于没有一定的形状且热值较低，很难被有效地收集、利用，大多时候是被焚烧在田间地头。生物质固体燃料成型技术可以提高蘑菇渣、木屑、瓜子壳、稻壳等废弃物的利用价值，形成对环境友好的新产业。

固体生物质能源的应用

固体生物质能源应用广泛，不仅能够用于家庭炊事、取暖，在不久的将来可能还会部分替代发电厂、工业锅炉等模块中化石燃料的位置。

固体生物质能源的优势

固体生物质能源的含硫量远低于煤炭，燃烧时仅排放出少量的二氧化硫；且排放出的二氧化碳与绿色植物进行光合作用消耗的二氧化碳总量相当。所以固体生物质能源享有“绿煤”的美誉。

清洁环保　绿色能源

成本低廉　附加值高

固体生物质能源的原料是传统农业的废弃物。燃烧后的灰烬富含各种元素，是上好的无机肥料。

通过调整配方，使用不同的压力和压制温度，可以调整固体生物质能源的热值和燃烧时间。

热值可调　燃时可控

容易贮存　安全可靠

固体生物质能源形态稳定，贮存要求较低，普通的仓库就可以存放。

来挑战吧

不同形状的固体生物质燃料有着不同的燃烧速度，这也就是生物质固体成型燃料技术会有多种模具的原因。我们一起探究一下不同形状燃料的燃烧情况吧。（实验有一定的危险，小朋友请在爸爸妈妈的协助下进行。）

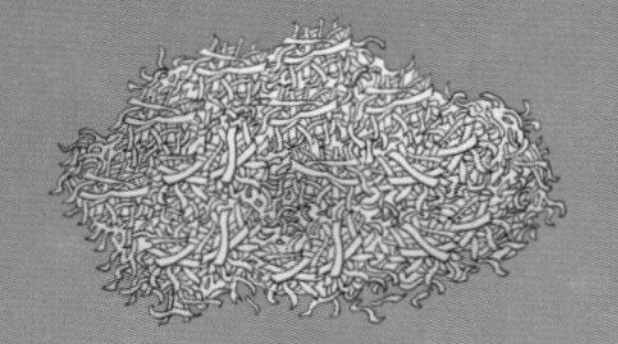

2张A4纸剪得尽量碎

2张A4纸叠在一起

2张A4纸卷成筒状，剪成8节

2张A4纸搓成尽量细的纸卷，剪成8节

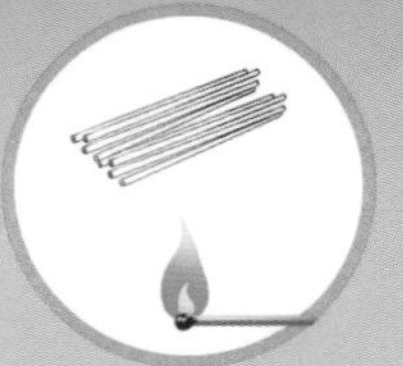

碎纸片很难烧起来。小纸筒烧得最快，火焰也最大，小纸卷烧得最慢，火焰比较均匀。

液体生物质能源

我们常见的交通工具一般使用相应的液体化石燃料，例如小汽车使用汽油，卡车使用柴油，飞机使用航空煤油……能不能用生物质制造交通工具的“绿色饮料”呢？

乙醇汽油

乙醇也就是我们常说的酒精，它作为绿色使者来到汽油中，和汽油一起组成一种绿色能源——乙醇汽油。让我们来看看乙醇是怎么生产出来的吧。

红薯、甘蔗等产量大、含糖量较高的作物是乙醇生产的优质原料。

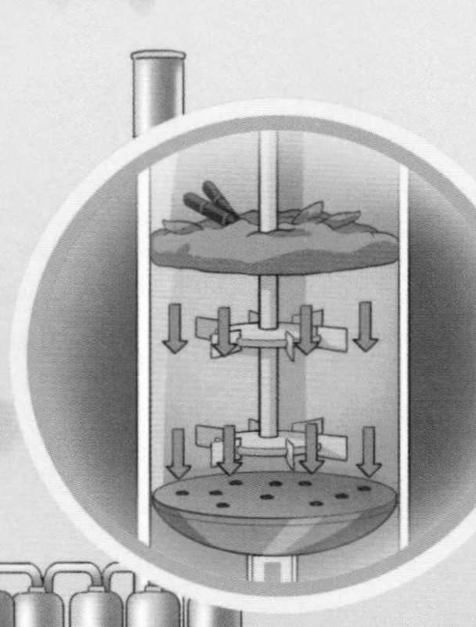

将原料粉碎后投入发酵罐进行发酵，利用酵母菌将糖转化为乙醇。

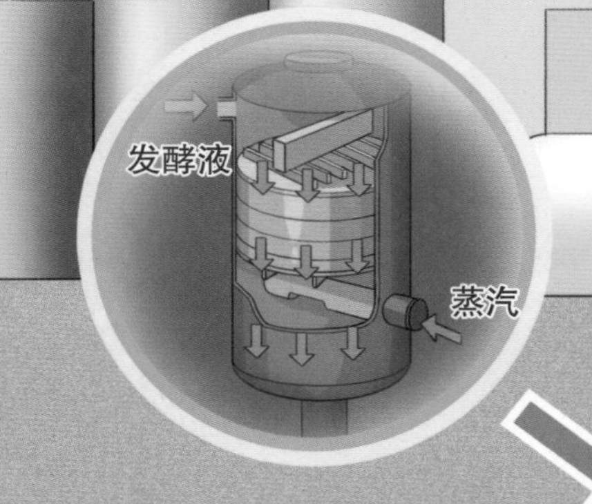

乙醇比水更容易挥发，使用蒸馏的方法将乙醇从发酵液中分离出来。

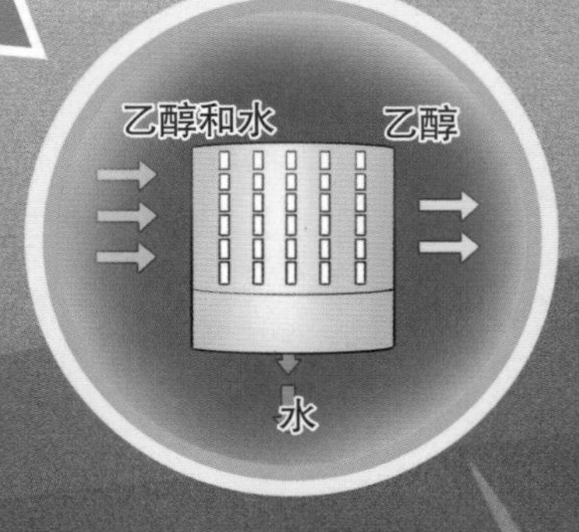

蒸馏分离出来的乙醇还含有较多的水分，还要经过进一步的脱水。

扫一扫，看看燃料乙醇发酵的三个关键步骤

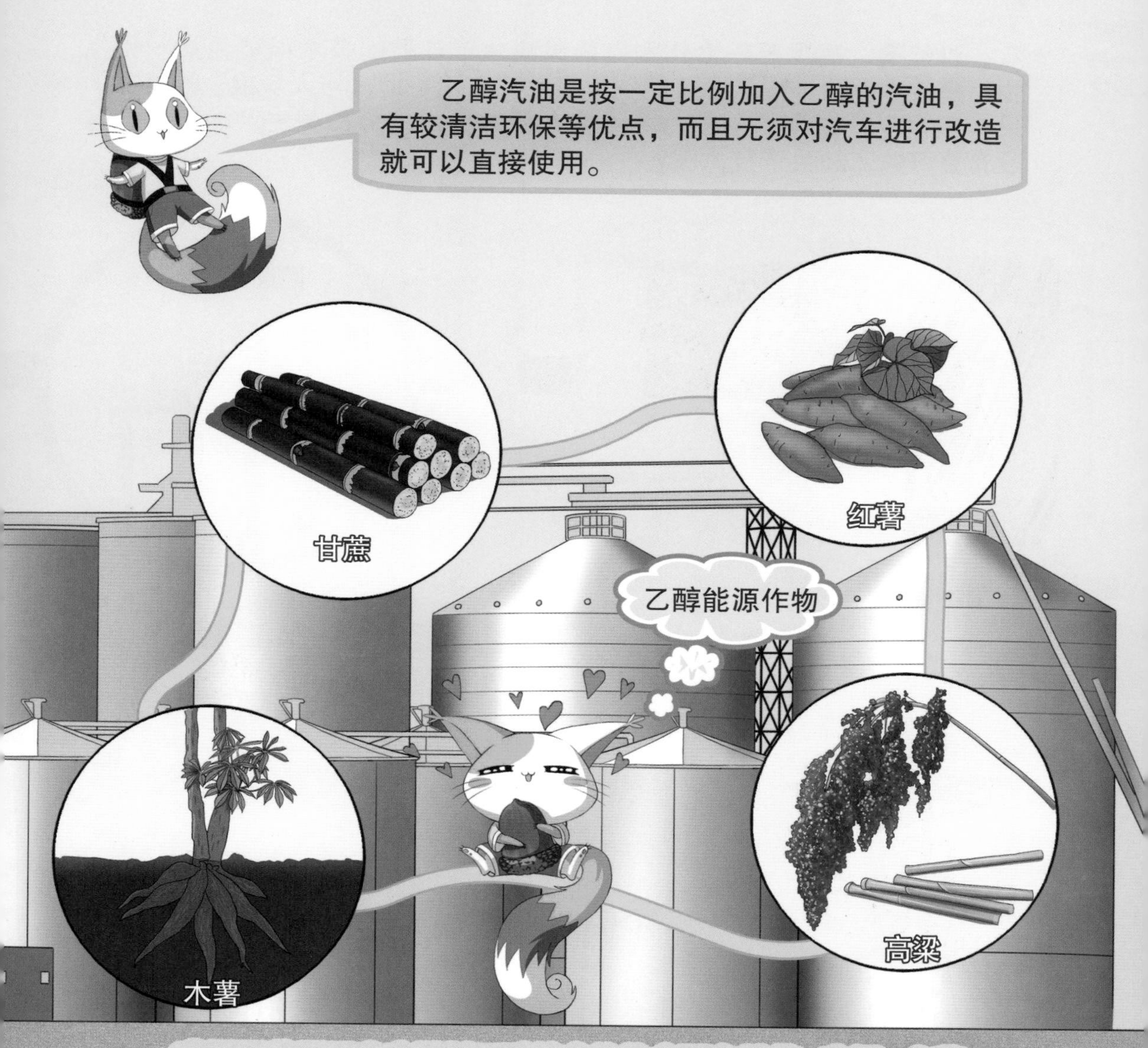

我国目前用于生产燃料乙醇的农作物主要有甘蔗、高粱、木薯、红薯等。广大科技人员通过加强栽培技术研究，优化加工技术，充分发挥了乙醇能源作物的作用。

你知道吗

- **酵母菌只有在无氧状态下才能产生乙醇，所以发酵罐要保持密封哦。要是混了氧气进去，“贪吃”的酵母菌就只会产生大量的二氧化碳了。**

以红薯、高粱等粮食作物作为原料生产乙醇的技术被称为第一代生物乙醇技术。这一技术不可避免地导致“与粮争地，与人争粮”的情况，只有粮食生产过剩的国家，才能将大量的粮食作为乙醇生产的原料。有没有更好的乙醇生产技术呢？

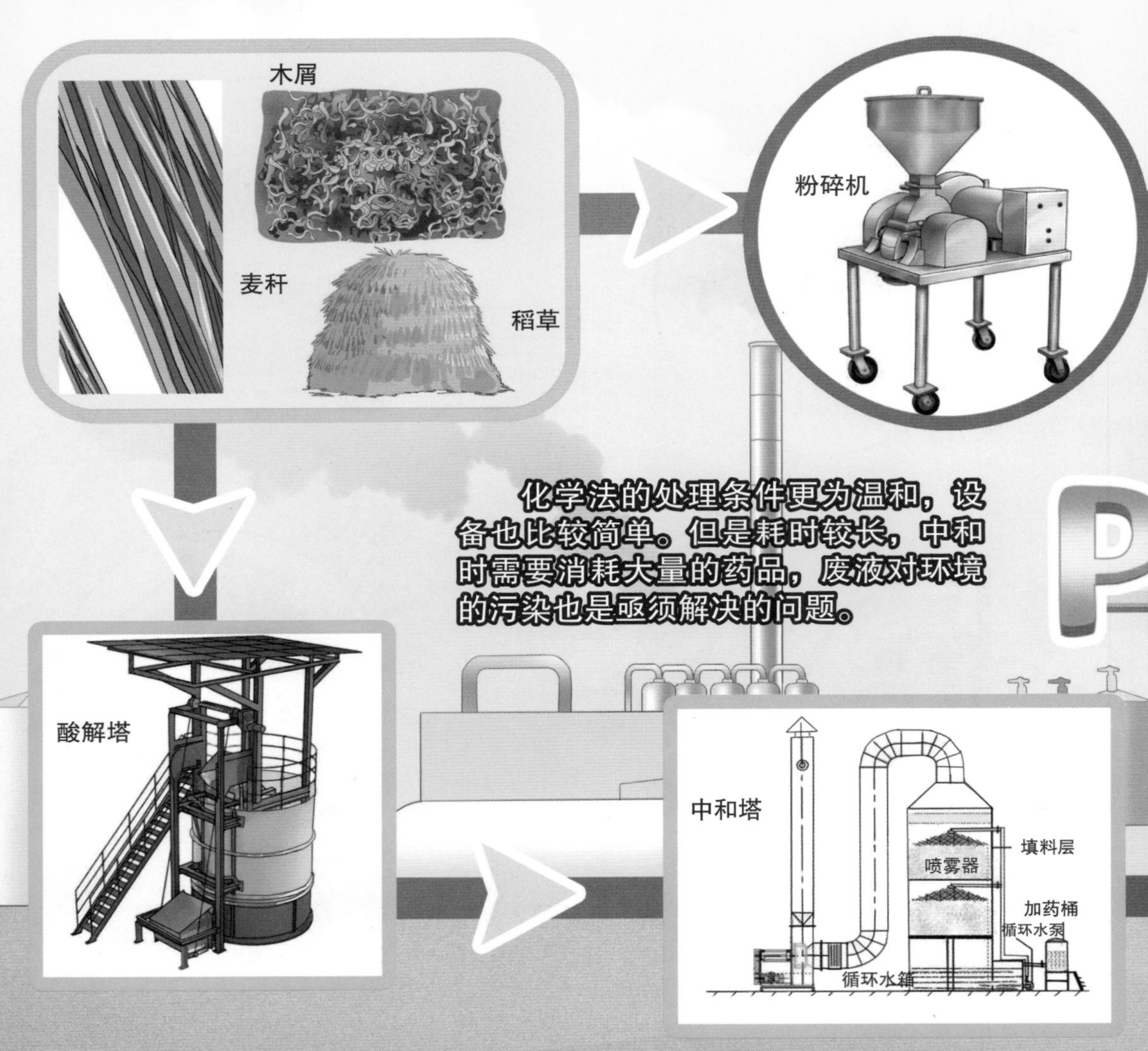

化学法预处理

将原料投入酸解塔用稀硫酸进行酸解，使纤维素降解为糖类。酸解后的原料必须经过中和塔将酸液回收循环利用，同时用石灰等碱性物质中和原料的酸性。中和后的原料用干燥机进行干燥之后就能进行发酵了。

在这样的背景下，以麦秆、稻草和木屑等纤维素含量较高的农林废弃物作为原料的第二代生物乙醇技术应运而生。但是酵母菌是不能直接将这些原料中的纤维素转化为乙醇的，所以必须要对这些原料进行预处理，而预处理技术就是制约第二代生物乙醇技术发展的关键。

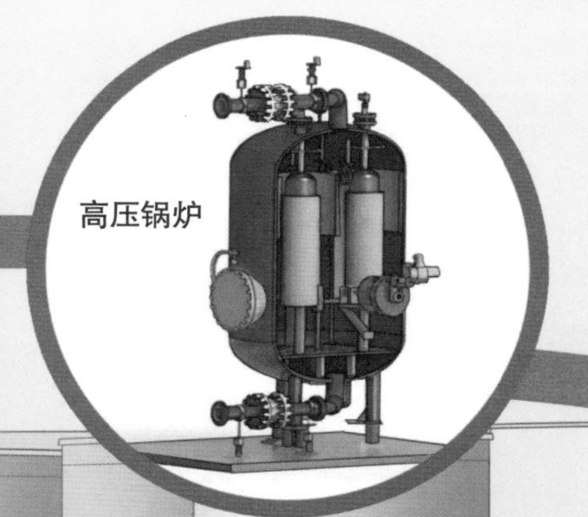

物理法预处理

将原料粉碎后放入锅炉里进行高温高压的蒸煮，然后突然减压使原料爆碎。之后用筛选机筛选出适于酵母菌酵解的原料。

筛选机

物理法能够在短时间内对大量原料进行处理。但是能耗高，设备结构复杂，致使设备投资大，运转成本也会较高。

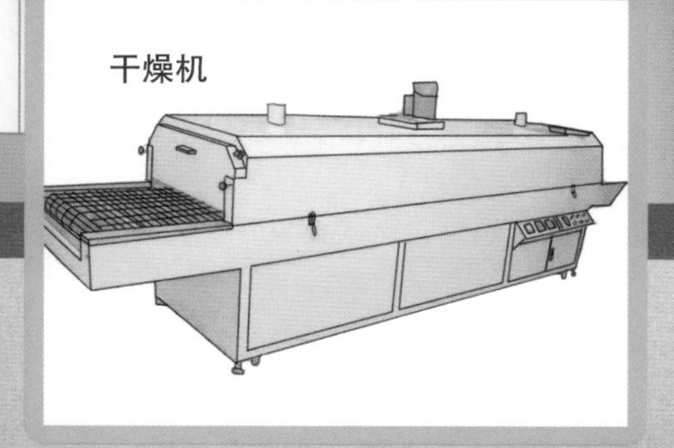

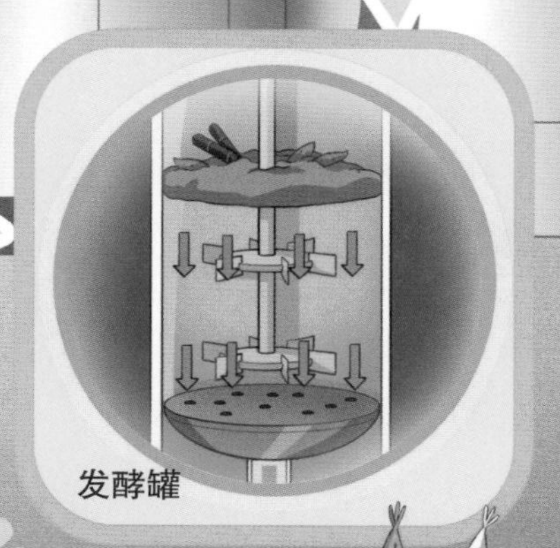

你知道吗

●酵母菌是不能在酸性过强的环境下生存的，所以用化学法进行预处理后的原料必须经过中和塔，调节原料的酸碱性。

生物柴油

生物柴油是由植物油、动物油和废弃油脂转化而来的，主要的转化方法有化学法和生物酶法两种，让我们来比较一下这两种方法吧。

化学法制备生物柴油

采用化学法制备生物柴油的过程，必须在高温、高压的条件下进行，并使用酸性或碱性催化剂。

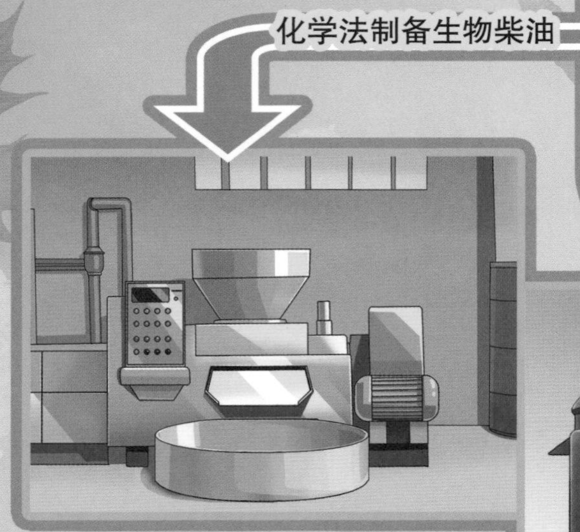

生物酶法制备生物柴油

而采用生物酶法时，添加生物酶——脂肪酶作为催化剂。由于脂肪酶的特性，整个反应能够在常温、常压下进行。

很明显，使用生物酶法制备生物柴油，由于不需要高温、高压环境，整个过程更加节能环保。

生物酶法和化学法各有千秋。生物酶法的反应条件温和，但是反应效率和酶的稳定性是整个工艺的瓶颈。化学法相对稳定，重复性好。

从“石油树”提炼出生物柴油

近年来，由于化石燃料紧缺，能源植物已成为当前开发利用的对象。各国开展“石油树”的研究，希望提炼出生物柴油、乙醇等液体生物质能源来代替化石燃料。我国有大量的油料植物，如麻风树（膏桐）是世界公认的优质能源植物。

麻风树在我国主要分布于广东、广西、四川、贵州、云南等地，原产于美洲。麻风树果实含油率高达 60%，可以提炼出不含硫、无污染、符合排放标准的生物柴油，是我国重点开发的绿色能源植物。

你知道吗

- 1983 年，美国科学家格雷厄姆·奎克（Graham Quick）首先将亚麻籽油甲酯化，用于柴油发动机，并将可再生的脂肪酸单酯定义为生物柴油。
- 中国科学院西双版纳热带植物研究院杨成源带领的麻风树良种繁育和栽培实验示范研究小组育成的名为皱叶黑膏桐的新品种，是世界上颇具竞争力的生物柴油植物。

生物油

第一代生物乙醇技术和生物柴油都是以农产品作为原料进行转化和提取的，那么秸秆等农林废弃物又可以怎么利用呢？生物油是利用各种农林废弃物通过特殊工艺制备成的类似原油的清洁液体生物质能源。

微藻制油

微藻能够通过光合作用生产油脂。微藻制油不但产油量高、环境适应能力强、资源丰富、生长周期短，还具有减少二氧化碳排放的优点。但现阶段的生产成本较高，还需优化技术、降低成本。

微藻制油不但产油量高，还能缓解能源发展中与人争粮、争地和争水的矛盾。

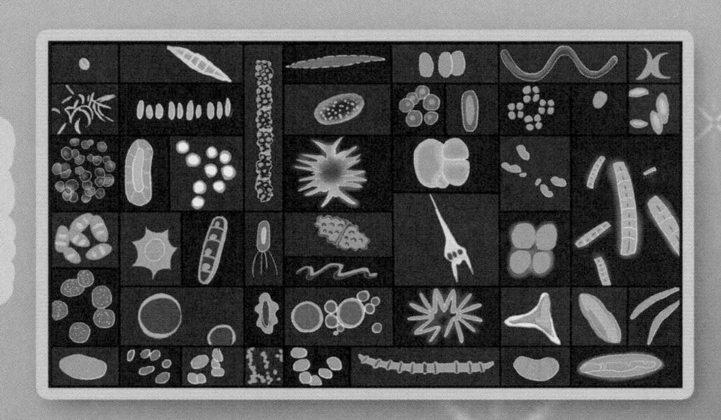

微藻是一类广泛分布在陆地上、海洋中，营养丰富、光合作用效率高的自养植物。微藻个体微小，只有在显微镜下才能分辨其形态。

你知道吗

微藻大多是单细胞藻类，具有很大的表面积和体积比，在与外界环境进行物质交换和吸收光能方面都有巨大的优势。相同质量的微藻在一定时间内进行光合作用合成的生物质比其他植物合成的多得多。

液体生物质能源的优势

液体生物质能源可以直接成为汽油、柴油等油料的替代品，无须对现在的交通工具进行改装就能直接使用。

定位准确　替换直接

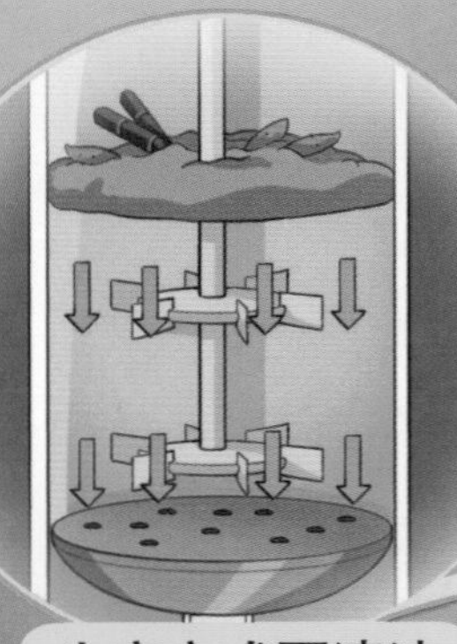

生产方式更清洁

液体生物质能源可以以特定的生物质为原料，通过化学法、生物酶法等方法获得。生产方式更清洁、对环境更友好。

液体生物质能源的转化率高，且制取设备简易，占地面积小。

产量高　不和人争地

可再生　周期短

相对于化石能源，液体生物质能源的再生周期短。

体积微小的微藻有着很高的光合作用效率。我们就用一个小实验，观察表面积与体积比不同时的情况，来论证微藻制油的优势吧！

1. 取几个新鲜的土豆，削去外皮。

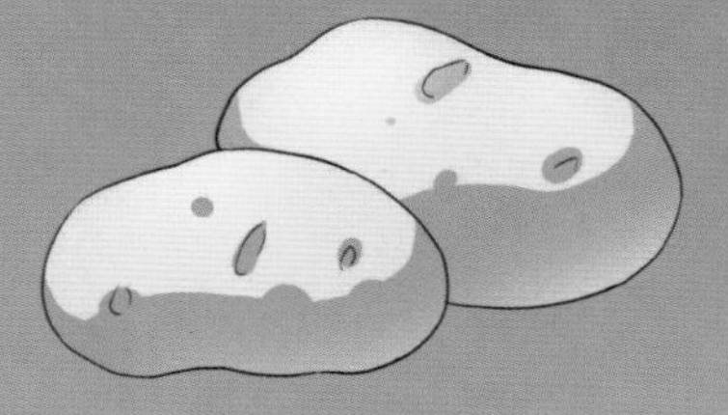

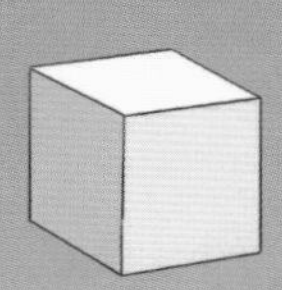

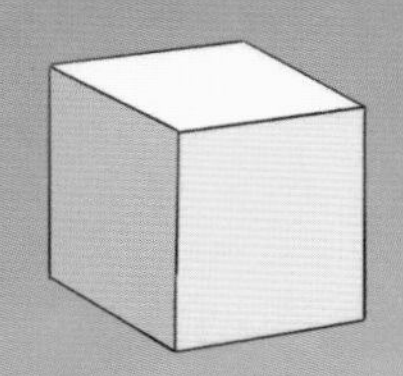

2. 分别切成边长是 1 厘米、1.5 厘米、2 厘米的小正方体。

3. 把这些大小不一的正方体放入滴加了碘液的清水中浸泡。

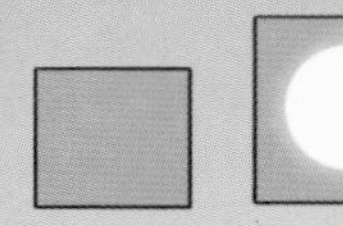

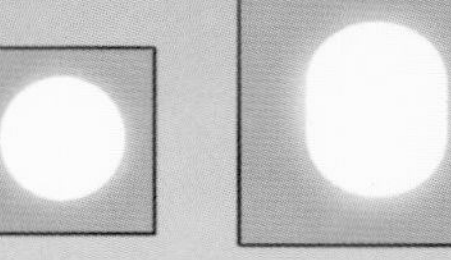

4. 10 分钟后将这些正方体土豆取出，用小刀切开，观察染色情况。

最小的正方体已经被全部染色了，最大的正方体只有靠近表面部分被染色，所以体积微小的微藻在光合作用中有很大的优势。

气体生物质能源

由于需要在厨房等相对封闭的空间里使用，家用燃料要求更加清洁（想象一下家里烟雾弥漫的情况吧）。跟固体生物质能源和液体生物质能源相比，气体生物质能源更加清洁，而且由于制备装置相对简单、生产技术成熟可靠，因此更适合家庭使用。目前气体生物质能源主要有两种，即沼气和热裂解气，而生物制氢则是气体生物质能的发展方向。

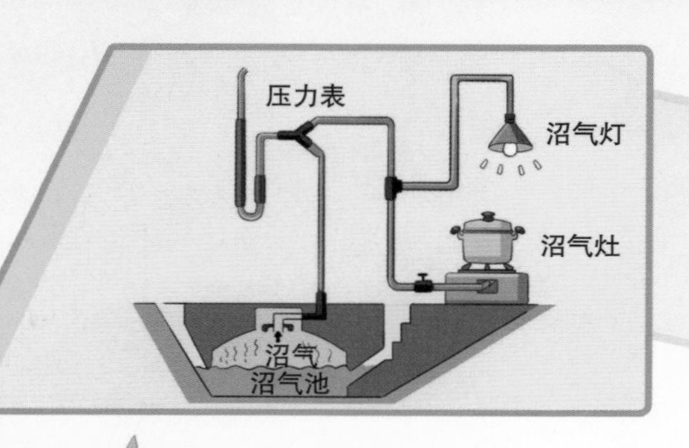

在南方，乡村里沼气池星罗棋布，沼气的使用已经十分普遍。

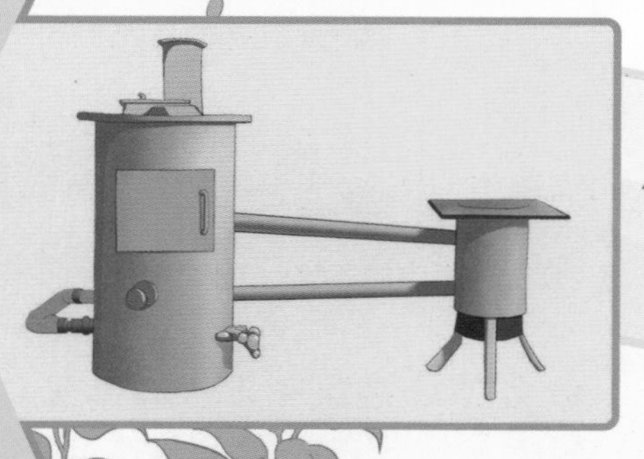

在北方，秸秆气化产生的热裂解气比沼气更有优势。

氢气是清洁、高效的可再生能源。生物制氢能够更便捷地让氢气作为能源走进家庭。

沼气的主要成分是甲烷。甲烷无色无味，难溶于水，是一种易燃烧的气体。我们来看一下 1 立方米沼气大约能帮助我们做什么事情。

热裂解气的主要成分是不可燃烧的氮气，可燃气体（一氧化碳、氢气、甲烷等）成分较少，所以热值较低，但是每立方米也有 5000 千焦的能量，是沼气的 1/4。我们可以根据沼气的例子来估算一下 1 立方米热裂解气大约能帮我们做什么事情。

农家生物垃圾的归宿——沼气池

沼气池是家庭沼气系统的核心，也是沼气发酵的场所。在沼气池里，动物粪便、作物秸秆和各种生物垃圾在产甲烷细菌的分解下生成甲烷（沼气的主要成分）。

你知道吗

- 沼气池是沼气发酵的主要场所，而产甲烷细菌则是沼气发酵的主角。这种细菌能将原料分解成甲烷，同时产生沼液、沼渣等优质农家肥。但是产甲烷细菌“怕冷”，在温度较低的北方，产甲烷细菌就会“罢工”，出现产量不足的情况。
- 给新建的沼气池投料的时候拌上一些旧沼气池的沼液能够更快地产出沼气，这就是常说的“接种”。
- 沼气灶和煤气灶、天然气灶都是不能通用的！混用的话会造成事故。

北方家庭的小气库——秸秆气化

秸秆气化就是利用气化装置在缺氧状态下对秸秆进行热化学处理，产生一氧化碳、氢气和甲烷等可燃气体的过程。这些气体是秸秆受热裂解而来，所以又叫热裂解气。

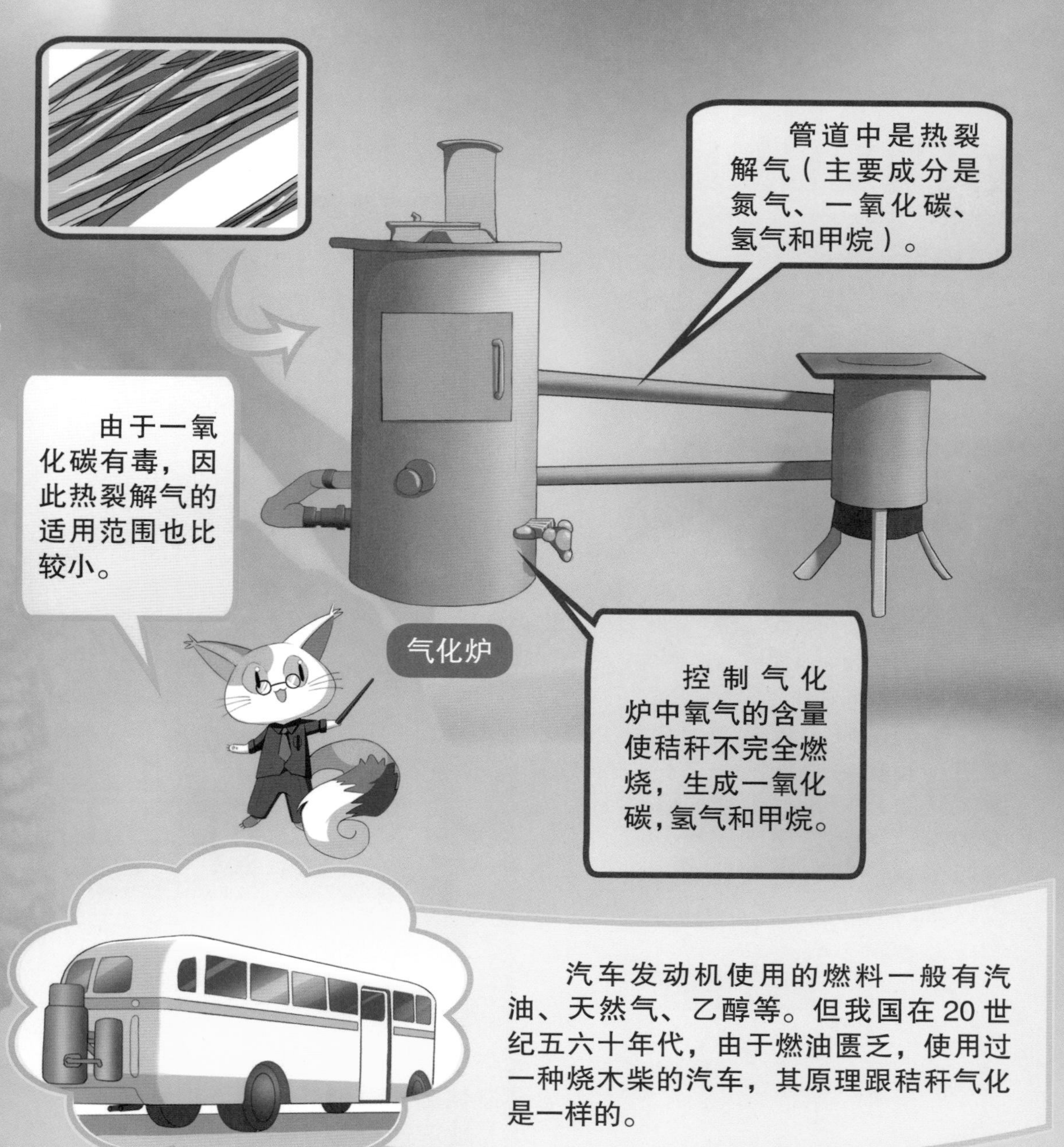

汽车发动机使用的燃料一般有汽油、天然气、乙醇等。但我国在20世纪五六十年代，由于燃油匮乏，使用过一种烧木柴的汽车，其原理跟秸秆气化是一样的。

最清洁的燃气——氢气

氢气燃烧时产生水而不是温室气体，因此被认为是最清洁的可再生能源。我们来看一下氢气作为燃料的优点。

氢气的热值比所有化石燃料、化工燃料和生物燃料都高，约为汽油的 2.8 倍、乙醇的 3.9 倍、焦炭的 4.5 倍。

氢气燃烧性能好

氢气燃烧性能好，与空气混合时有很宽的可燃范围，而且燃点低、燃烧速度快。

氢气燃烧时最清洁，仅生成水，不会产生一氧化碳、二氧化碳、碳氢化合物、铅化物和粉尘等对环境有害的污染物。而且燃烧生成的水还可继续制氢，循环使用。

氢既可以通过燃烧产生热，在发动机中转化为机械能，又可以作为能源燃料直接用于燃料电池。而且，氢能和电能可以方便地进行转换，氢能可以通过燃料电池转化成电能，电能可以通过电解水转化成氢能。

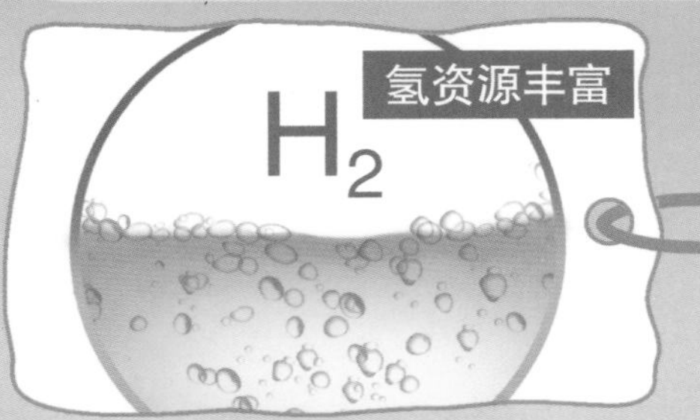

氢是自然界中最普遍的元素，除了空气中含有少量氢气外，氢主要以化合物的形式贮存于水中，而水是地球表面分布最广的物质。

生物制氢——氢气走进家庭的途径

储存和运输氢气既不经济又比较危险，家庭使用氢气最好是现制现用。氢气的生产方式有多种，如从化石燃料中获取、电解水获取等。因为生物制氢和其他传统生产工艺相比具有环保、节能等特点，所以更容易走进家庭。

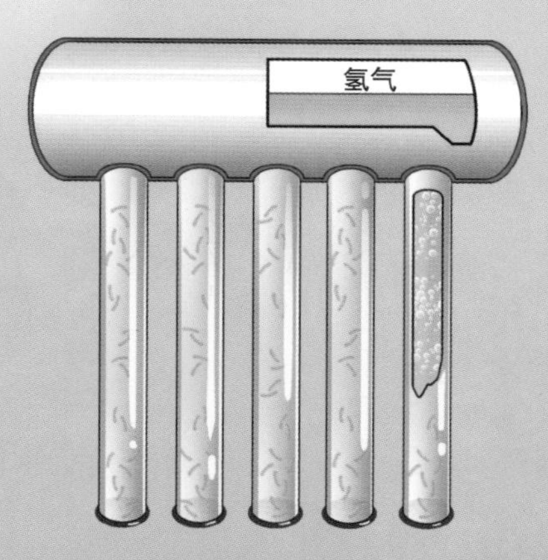

生物制氢主要有藻类微生物制氢和发酵制氢两种途径。其中藻类微生物制氢是以太阳能为能源，以水为原料，利用光合作用将水分解以产生氢气；发酵制氢则是在无光照、厌氧的条件下将生物质发酵分解来产生氢气。两种生物制氢方式各有优点。藻类微生物制氢优点在于以水为原料，且工艺较为简单；而发酵制氢产氢速度快，效率更高，成本也相对较低。但是这两种制氢方式还在实验阶段，氢气要走进家庭还需要解决很多技术困难。

扫一扫，了解生物制氢的过程

气体生物质能源的优势

气体生物质能源是三种生物质能源中走进家庭的先锋，很多家庭已经在使用沼气。

气体的燃烧更充分，不会生成 $PM_{2.5}$。在三种生物质能源中，气体生物质能源是更清洁环保的能源。

生物制氢因其高产出率及温和的生产条件而具有很大的发展前景。

来挑战吧

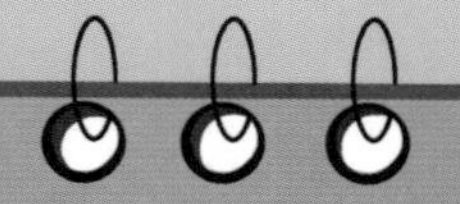

停电时我们会点上一根蜡烛，细心的小朋友会发现蜡烛的火焰跟白色的蜡烛并不是“亲密接触”的。我们就用蜡烛来模拟一下热裂解气的产生装置吧！（实验有一定的危险，小朋友请在爸爸妈妈的协助下进行。）

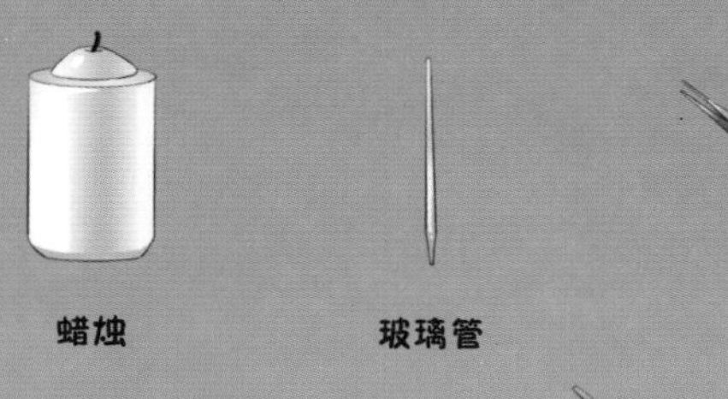

蜡烛　　玻璃管　　镊子

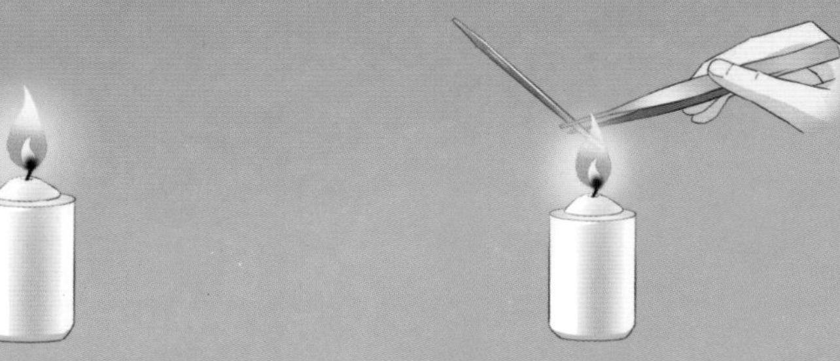

1. 把蜡烛点燃。

2. 用镊子夹住玻璃管。

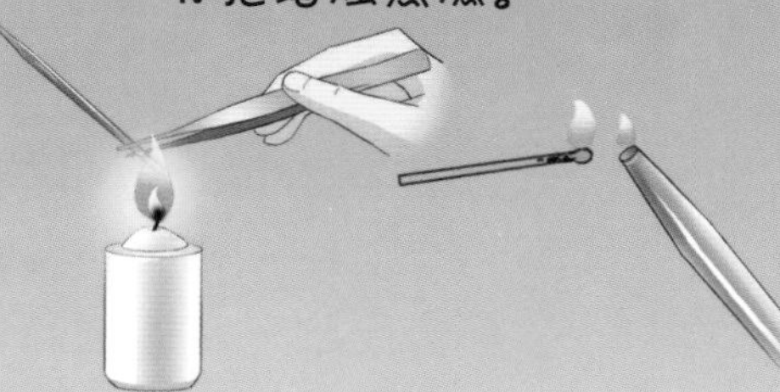

3. 将玻璃管的一端伸入蜡烛火焰的焰心中，再用燃着的火柴靠近玻璃管的另一端，将其点燃。

蜡烛被点燃时，融化成液体，由于烛芯的存在而产生导流作用，液体顺着烛芯流向温度高的方向，而烛芯的顶端靠近火焰，温度最高，使液体进而气化燃烧。热裂解气的产生装置也和蜡烛一样，需要进行燃烧以产生燃气。

生物质能发电

无论是固体生物质能源、液体生物质能源还是气体生物质能源，都存在制备、运输和储存上的困难。家庭要使用这些能源，就必须安装各种设备和管道，还必须定期检查是否会有泄漏。如果能够将生物质能直接转化为电能，就可以直接通过电网供千家万户使用。

电能优点

集中排放　集中处理

大型发电厂都建有除尘净化设备，能够对烟、气进行净化。同时，燃烧后的废料也更容易集中处理。

转化能量　方便输送

各种生物质能源在运输上都会受到一定的限制，但转化为电能之后可以直接通过电网传输到千家万户。

降低成本　统一维护

很多沼气池等设施因为后期维护不到位而被闲置，而发电厂会有专业的维护团队。

符合发展趋势

无论是在城市还是农村，家用电器的普及使得家庭用电量剧增，对燃料的需求逐步减少。

火力发电解密——烧水！！

电从发电机来，发电机需要汽轮机来带动，汽轮机需要高温高压的蒸汽来推动。那么蒸汽从哪里来？我们一起来探究火力发电厂是怎样发电的吧！

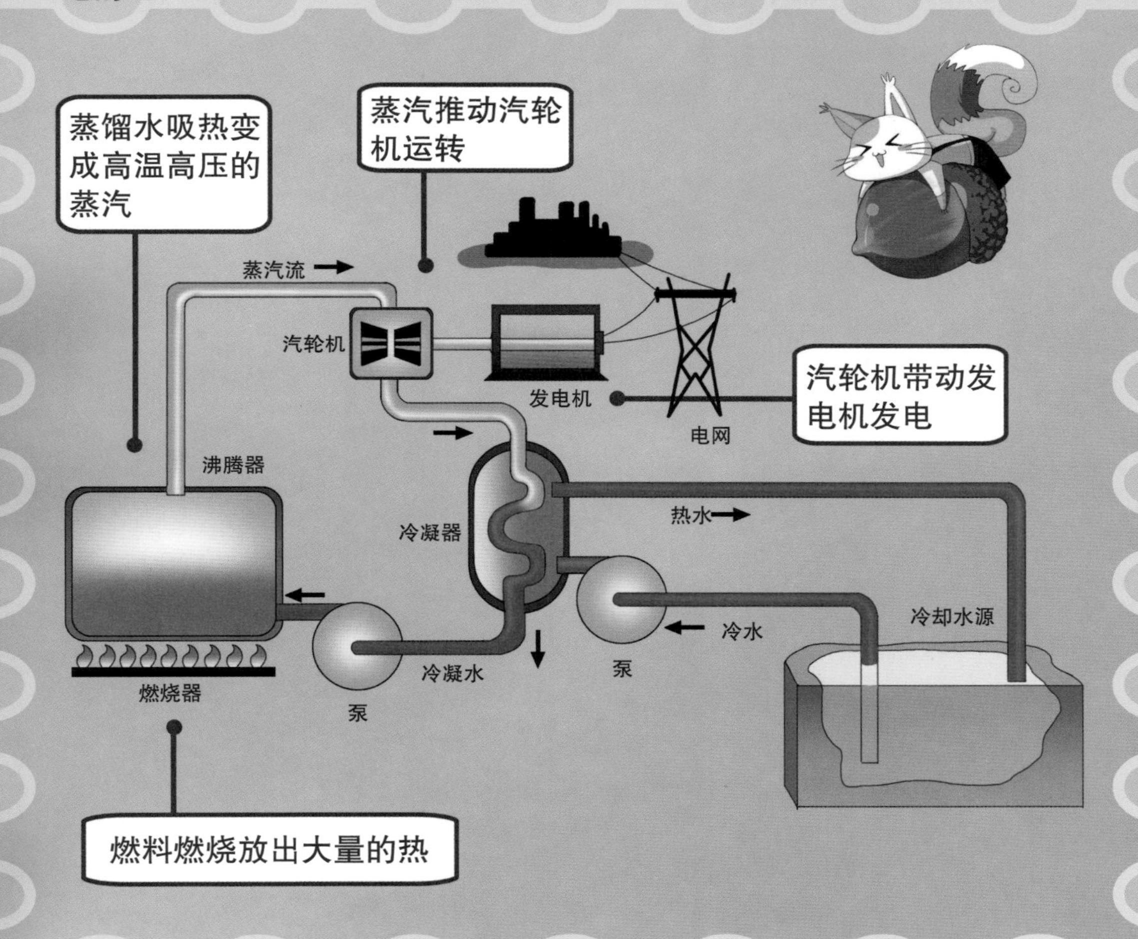

- 煤油灯被电灯取代，煤炉子被电暖器取代，电动汽车也逐渐走进了家庭。由于电能方便快捷的优点，电器正在“占领”我们的家庭。
- 火力发电、太阳能发电、核能发电、地热能发电其实都是不断地“烧水”产生高温高压的蒸汽推动汽轮机带动发电机发电的过程。

生物质能如何转化为电能

常规的生物质能源发电就是将传统燃料换成生物质燃料。我们来看看固体、液体、气体这三种不同形态的生物质能源是如何发电的。

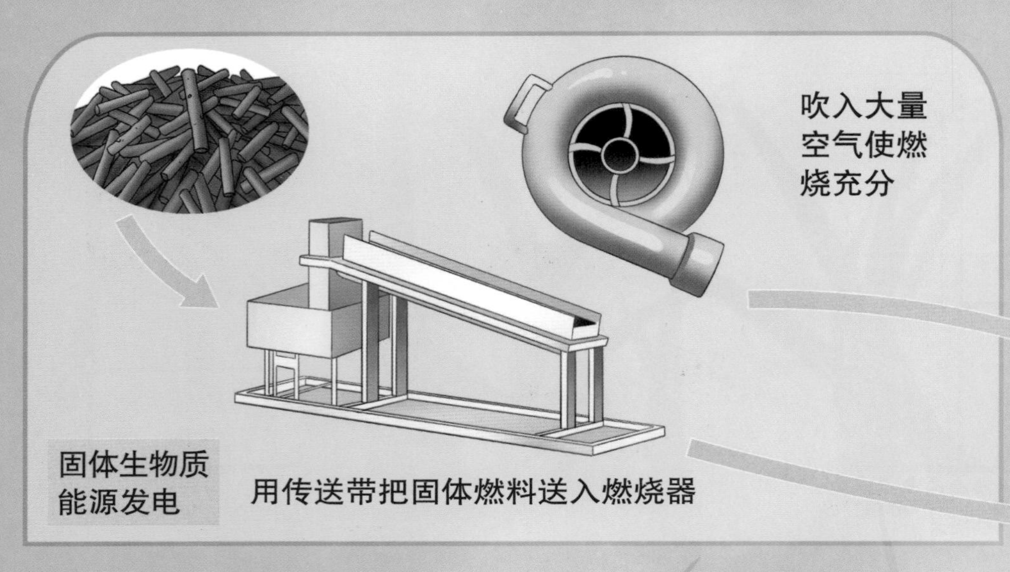

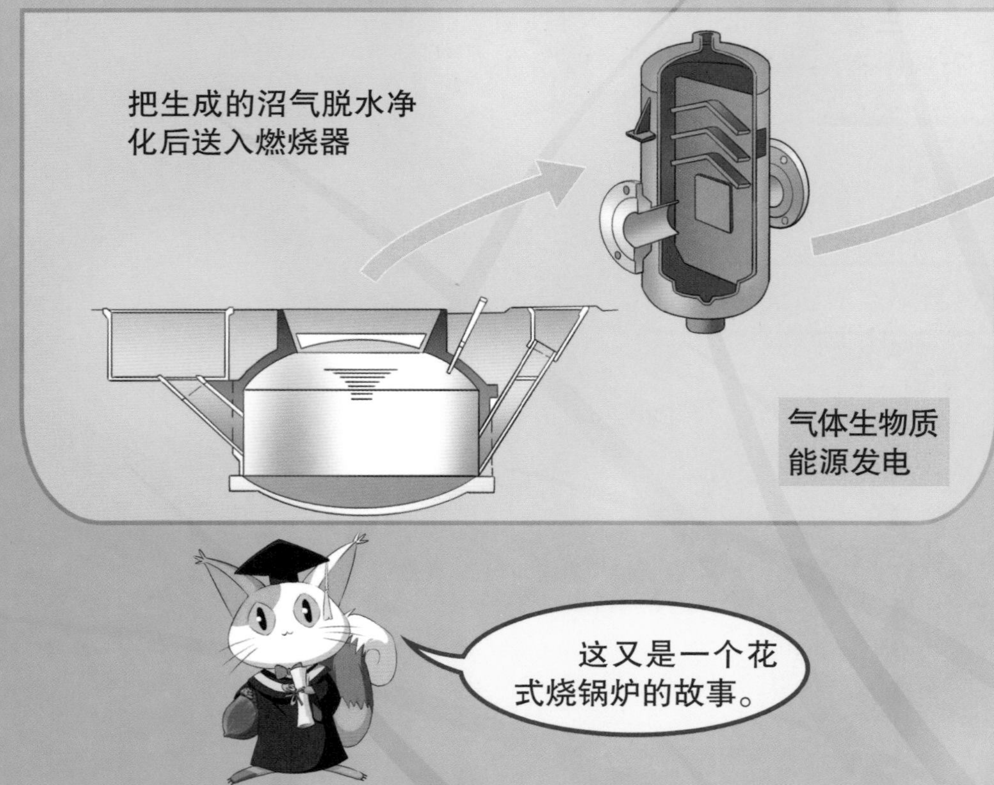

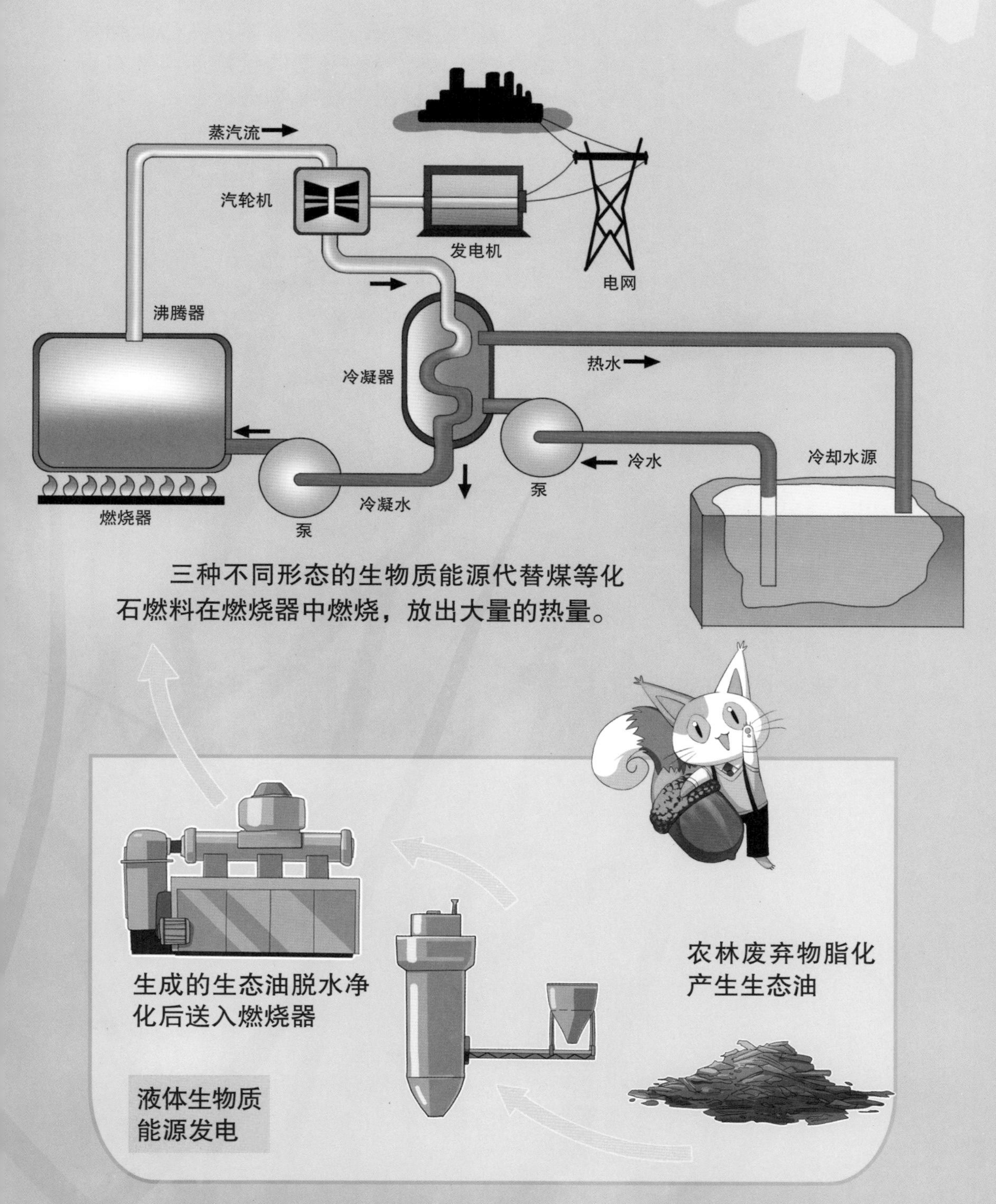
蒸汽流
汽轮机
发电机
电网
沸腾器
冷凝器
热水
冷水
冷却水源
燃烧器
泵
冷凝水
泵
三种不同形态的生物质能源代替煤等化石燃料在燃烧器中燃烧，放出大量的热量。
生成的生态油脱水净化后送入燃烧器
农林废弃物脂化产生生态油
液体生物质能源发电

光合作用也能发电

无论是固体生物质能源发电、液体生物质能源发电还是气体生物质能源发电，都需要经过各种形式的能量转化，每一次转化都不可能有百分之百的转化率。那么我们能不能直接从源头，在植物进行光合作用时就进行“发电”呢？

植物进行光合作用，将光能转化为生物质能。

生物质燃料在燃烧器中燃烧，将生物质能转化为热能。

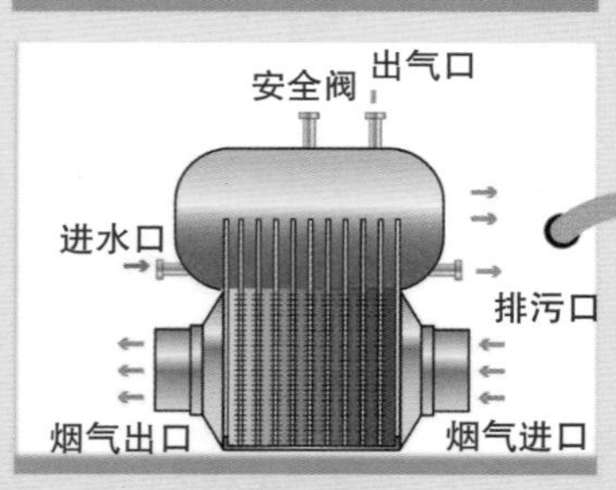

燃烧器产生高温高压蒸汽，将热能转化为机械能。

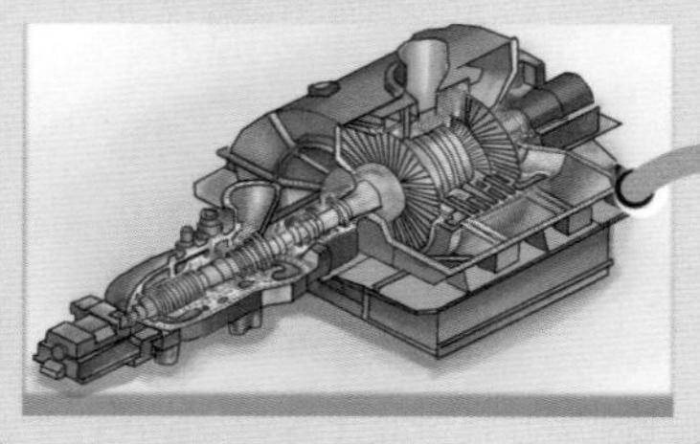

蒸汽推动汽轮机带动发电机发电，将机械能转化为电能。

从生物质燃料燃烧开始，如果每一个转化过程都损失 20% 的能量的话，那光合作用固定的能量只剩 64% 了。

植物进行光合作用时，叶绿素不但能把水分解为氢和氧，而且还能进一步把氢分解为带正电荷的氢离子和带负电荷的电子。此时，植物体内会有电流产生，这就是光合电子传递链。

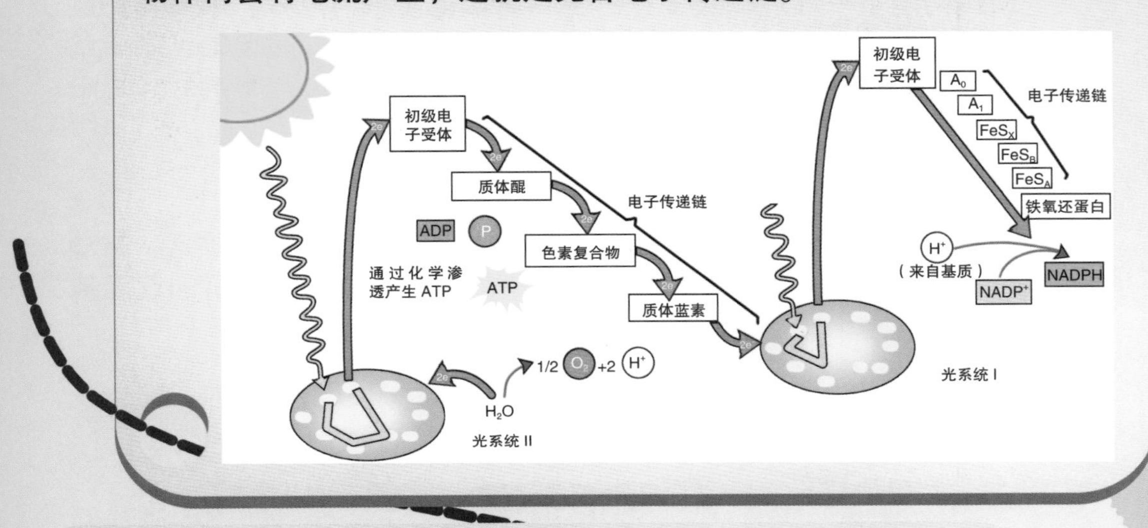

科学家把从菠菜叶内提取的叶绿素与卵磷脂混合，涂在透明的氧化锡结晶片上，把它作为正极安置在透明电池中，当它被太阳光照射时，就会产生电流，这种太阳能电池板的转化效率比普通电池板高多了！

在一些植物盆栽中设置一些特殊电极，就可以及时收集植物在进行光合作用时产生的电量。

虽然这一切看起来很美好，能够让植物一边发电一边制造有机物，但是，这种从源头开始发电的技术是否能达到高能量转换效率还需要科学家不断进行探索！

燃料电池

燃料电池是一种可以直接将由生物质转化而来的氢气、甲醇等产品转化为电能的装置，其发电原理跟生物质能源发电厂最主要的区别就是不用烧水！所以燃料电池体积能够做得很小，同时由于能量的转化更为直接，燃料电池的能量转化效率相当高。

氢燃料电池

氢燃料电池凭借其高能量转换效率、高功率密度、无污染、维护方便以及较好的低温启动特性被越来越多的汽车生产商看好。

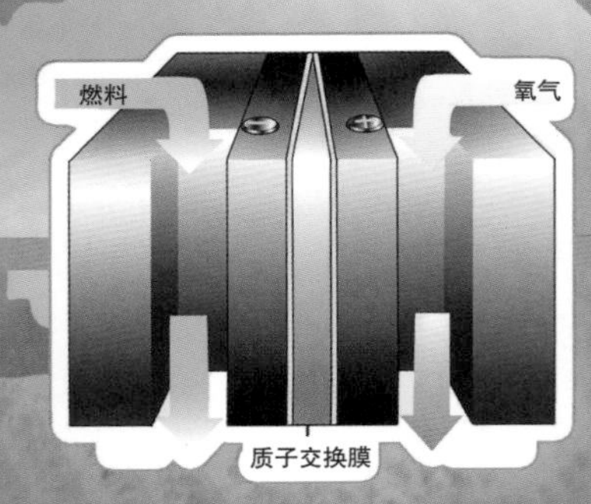

燃料电池原理

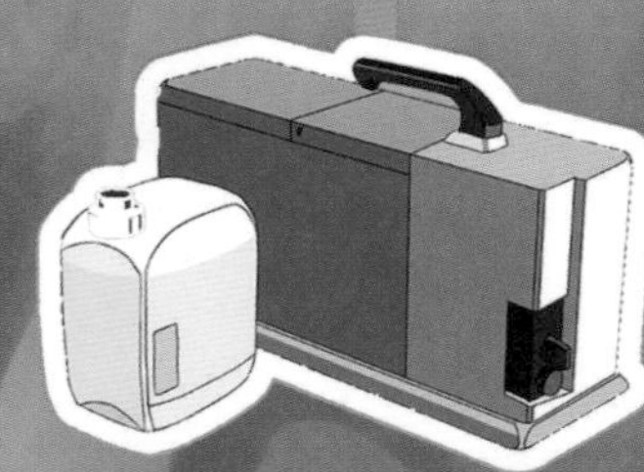

甲醇燃料电池

甲醇燃料电池具有结构简单紧凑、能量密度高、容易充电、低排放以及能低温下快速启动的特点。

你知道吗

- **燃料电池的核心就是电池中的质子交换膜，甲醇和水在阳极转换成二氧化碳，并释放出氢离子和电子，氢离子透过质子交换膜在内部转移到阳极与氧反应，而电子则通过外电路的负载到达阳极。**
- **质子交换膜的优劣决定了燃料电池的转化效率。**

神奇的带电动物

地球上还有许多动物具有“发电”能力，如何用这些动物发电是一个值得研究的方向。

电鳗能产生足以将人击昏的电流，是发电能力最强的淡水鱼类，其输出的电压可达 300 ~ 800 伏，因此电鳗有水中的“高压线”之称。

电鲶特化的肌肉具有发电能力，受到刺激时，可瞬间放出 200 ~ 450 伏的电力。虽然比发电王——电鳗稍微逊色，但是威力仍很惊人。

世界上有很多种电鳐，其发电能力各不相同。体型较大的非洲电鳐一次发电的电压在 220 伏左右，中等大小的电鳐一次发电的电压在 70 ~ 80 伏，较小的南美电鳐一次也能产生约 37 伏电压。

动物发电的缺点是不够持续和稳定，所以想要把鱼缸当成电池还需要克服很多困难。

生物质能源发电厂通过“烧锅炉”产生大量蒸汽推动汽轮机来发电。我们来看看家用的烧水壶产生的蒸汽能量有多大吧！（实验有一定的危险，小朋友请在爸爸妈妈的协助下进行。）

烧水壶

风车

1. 用烧水壶装大半壶水。

2. 把水烧开。

3. 当大量蒸汽从壶嘴喷出时，把风车放在壶嘴上方，看看风车是否转动。